AF356110

COMPTE-RENDU

DES TRAVAUX

DE

CLINIQUE VÉTÉRINAIRE,

Pendant l'année 1844,

PAR

M. GUTTIN,

MÉDECIN VÉTÉRINAIRE A BOURGOIN,

A ses Abonnés des Communes de St-Marcel, Vénérieu, Frontonas,
l'Ile d'Albeau, Maubec, Chezeneuve, Crachier, Roche,
St-Alban, Ruy, Serezin, Jallieu et Bourgoin.

LA CROIX-ROUSSE (LYON),

IMPRIMERIE DE TH. LÉPAGNEZ,

Petite rue de Cuire, 2.

1845.

COMPTE-RENDU

DES TRAVAUX

DE

CLINIQUE VÉTÉRINAIRE.

—◆—

MESSIEURS,

Pendant l'année qui vient de s'écouler, le nombre des animaux malades qui nous ont été confiés s'élève à **1,478,** tant du genre des solipèdes, que de l'espèce bovine, ovine, porcine et canine.

Les affections dont étaient atteints ces divers animaux, et les résultats des divers traitements que nous leur avons fait subir, peuvent être classés de la manière suivante,

Savoir :

DÉSIGNATION DES MALADIES.	Nombre de guéris.	Nombre de morts ou non guéris.	Total traités.	Totaux généraux.
SOLIPÈDES.				
Ophthalmies et fluxion périodique	48	12	60	
Javarts encornés, cutanés et tendineux	77	3	80	
Gastro-entéro-céphalites ou vertige abdominal	44	10	54	
Claudications, appelées vulgairement écarts.	100	10	110	
Affections farineuses	21	4	25	
Gourme	74	6	80	
Morve	1	16	17	
Dartres et gale	34	2	56	
Crapaud	12	1	13	
Maladies de garrot	21	5	26	
Pleurésies, pneumonies et péripneumonies.	80	22	102	
Gastro-conjonctive	55	0	55	919
Gastrite	18	3	21	
Gastro-entérite.	25	6	31	
Indigestions et coliques	50	10	60	
Hépatite	12	3	15	
Tétanos	2	3	5	
Anthrax	3	4	7	
Fièvres typhoïdes.	9	2	11	
Section des tendons perforants.	4	2	6	
Névroses	6	2	8	
Accouchements, parturition contre nature.	13	1	14	
Opération césarienne	1	1	2	
Castrations à testicules couverts	81	0	81	
RUMINANTS.				
Bœufs et Vaches atteints de diverses affections :				
Charbon blanc	110	10	120	
Anthrax ou charbon symptomatique	16	6	22	
Fièvres typhoïdes.	25	10	35	286
Pneumonies, péripneumonies et pleuropneumonies.	46	20	66	
Claudications.	23	2	25	
Accouchements, parturition contre nature.	17	1	18	
Moutons	145	25	170	170
Cochons.	47	11	58	58
ESPÈCE CANINE.				
Chiens atteints de différentes maladies.	40	5	45	45
TOTAUX GÉNÉRAUX.	1260	218	1478	1478

Ce tableau vous démontre, Messieurs, le chiffre élevé d'animaux malades qui nous ont été confiés cette année; un grand nombre d'entre eux étant votre propriété, nous nous faisons un devoir de vous exprimer combien nous nous trouvons flattés de la confiance que vous avez bien voulu nous accorder, vous promettant de faire tous nos efforts pour continuer à la mériter, et afin d'atteindre plus sûrement ce but, nous nous ferons un plaisir de joindre à ce compte-rendu quelques préceptes d'hygiène que nous vous engagerons à suivre afin de diminuer la multitude des affections qui viennent annuellement assaillir le principal élément de vos travaux agricoles.

Vous comprendrez du reste, Messieurs, que les devoirs d'un vétérinaire consciencieux ne doivent pas seulement se borner à rétablir l'équilibre dérangé dans l'organisation animale; il est encore d'autres obligations qui lui sont imposées, et dont il ne saurait s'affranchir sans faillir à sa conscience, nuire aux intérêts généraux de la contrée, et surtout à ceux des personnes qui lui font l'honneur d'avoir recours aux lumières dont il peut disposer.

Ces obligations consistent à porter à la connaissance des cultivateurs les causes connues et appréciées des diverses affections qui se déclarent chez les animaux domestiques, ainsi que les moyens à employer pour les prévenir; je n'insisterai pas, Messieurs, sur les avantages qui sont attachés à l'accomplissement de sages mesures hygiéniques; qui se refuserait, en effet, à reconnaître qu'il vaut mieux prévenir les affections que d'attendre leur développement, et à s'exposer à courir les chances d'un traitement toujours coûteux et malheureusement trop souvent infructueux?

L'hygiène se trouve dans l'emploi de tous les moyens propres à donner aux animaux un tempérament susceptible de résister aux fatigues de leurs services divers, comme à toutes les causes inhérentes aux variations atmosphériques et à les maintenir en bon état de santé.

C'est en soignant l'enfance et en nourrissant convenablement vos bestiaux de tout âge et de toutes races que vous atteindrez ce but.

Quant aux causes de maladies que l'homme fait naître, elles sont nombreuses et toujours meurtrières. Elles ont leur origine dans le mauvais emploi des forces des animaux, dans la manière de les loger, dans la forme et la nature, ainsi que dans la qualité et quantité des aliments de toutes espèces; et il est toujours possible, et quelquefois facile à l'homme d'éviter la plus grande partie de ces causes de maladies.

Tous les animaux domestiques, depuis le cheval et le bœuf jusqu'au vers à soie et l'abeille, sont utiles à l'homme, et méritent à tous égards toutes sa sollicitude; mais il en est qui doivent faire l'objet de sa préférence, et qui réclament tous ses soins, suivant les climats, les mœurs et les habitudes des habitants, le commerce et les ressources qu'offre le territoire de la contrée. Dans la nôtre, Messieurs, ce sont principalement l'espèce chevaline et bovine qui en forment la richesse. Nous regrettons beaucoup que les cultivateurs ne portent pas les mêmes soins aux bêtes à cornes qu'aux chevaux, bien que ceux-ci ne soient pas convenablement gouvernés; cependant les ruminants sont dignes de tout leur intérêt.

Il faut d'abord avoir soin d'être toujours pourvu, en proportion du bétail qu'on a à nourrir, d'une quantité suffisante d'aliments convenables et sains; rien n'est plus pernicieux que des aliments altérés. Je ne m'étendrai pas sur les diverses causes de leurs altérations, elles sont connues; il faut savoir s'en garantir.

Ainsi que vous le savez, Messieurs, les aliments les plus économiques, par conséquent les plus communs et les plus ordinaires dans notre pays, sont la luzerne et les trèfles secs et verts. Ces plantes fourragères fournissent des aliments de bonne qualité, quand on en fait pas abus ; mais malheureusement les propriétaires tombent dans ce défaut, de là des affections rebelles et fréquentes sur les animaux qui en font leur unique nourriture. Nous citerons ces prairies artificielles, données à discrétion, comme étant la cause principale de la fluxion périodique, vulgairement appelée lunatique, et qui rend tant de chevaux borgnes et aveugles, des indigestions avec vertige ou vertigo, surtout quand vient s'y joindre l'usage partout contracté d'envoyer le matin à la rosée ou le soir, après les avoir dételés, les chevaux et autres bestiaux, sur des trèflières et luzernières plus ou moins abondantes; les indigestions qui en résultent, avec ou sans surcharge d'aliments, sont souvent accompagnées de météorisation (gonflement).

On préviendra ces affections en faisant cesser leurs causes. Un moyen facile consiste à mélanger le trèfle ou la luzerne avec une plus ou moins grande quantité de foin naturel ou de paille de bonne qualité, et à rafraîchir les chevaux au moyen d'un barbotage journalier, donné à midi ou à toute autre heure. Ce barbotage sera très-clair et fait avec deux jointées de farine d'orge et deux de son par cheval.

A ces moyens là, on ajoutera la bonne aération des écuries, dans lesquelles on fera parvenir le plus de lumière possible, en s'attachant à ne pas élever la chaleur intérieure, tout en prévenant les courants d'air, lorsque les animaux rentrent en sueur ou mouillés.

On guérira facilement le gonflement en portant de suite des secours aux malades, et en leur faisant avaler à grandes gorgées 35 grammes d'ammoniac liquide (alcali-volatil) dans un litre d'eau fraîche ; ou, ce qui n'est pas plus cher et à la portée de chacun : c'est un mélange d'un litre par parties égales de vinaigre et d'huile. On se trouvera bien si on n'a pas ces substances sous la main, d'un ou deux litres d'eau de lessive faite immédiatement avec la cendre bouillie , d'un peu d'eau de chaux ou de savon délayé et étendu dans quelques litres d'eau.

Il y aura quelques légers changements dans le traitement des indigestions des solipèdes (pour le cheval et le mulet). On mélangera dans trois-quarts de litre d'eau fraîche, 10 à 14 grammes d'ammoniac (alcali-volatil), ou bien 18 à 20 grammes d'éther sulfurique dans une infusion réfroidie , préparée avec des fleurs pectorales ; à défaut d'éther, on y suppléera par 25 grammes d'Elixir de Longue Vie ou de la Chartreuse. Nous conseillons aussi les infusions de thé vert et de fleurs de camomilles , dans lesquelles on ajoutera 9 grammes de tartre stibié , sans oublier l'emploi d'un grand nombre de lavements émollients , faits avec la guimauve , mauve et graines de lin.

Pour l'âne , ces substances sont les mêmes , mais à moins fortes doses, avec recommandation de soumettre les animaux malades à un exercice modéré.

Le traitement des coliques nécessite quelques modifications.

Nous conseillons les breuvages ci-après :

Sel d'epsum . . . . 60 grammes.
Sel de nitre. .. . . 30 gr.
Jaune d'œuf n° 3 ou 3 jaunes d'œufs.
Miel . . . . 55 gr.
Infusion de fleurs de mauves. . . . 2 litres.

Dissolvez toutes ces substances dans cette infusion , et donnez à l'animal malade.

Ou bien on peut administrer à l'animal de l'huile d'olive demi litre, absinthe 65 gram.; les deux substances seront mélangées ensemble.

Nous engageons à donner une infusion de menthe et de fleurs de camomilles; avant de l'administrer à l'animal, on aura soin de la sucrer.

Les suivants ne sont pas moins importants. Prenez :

Têtes de pavots . . . .   n° 4
Racine de guimauve ou de mauve   70 grammes.
Jaunes d'œufs . . . .   3 gr.
Huile d'olive. . . . .   120 gr.
Miel de bonne qualité. . . . . . .   130 gr.
Eau ordinaire. . . . .   2 litres

Faites bouillir les deux premières substances; avant de les administrer à l'animal malade, il faut y ajouter les trois autres.

Pour le dernier, prenez :

Graines de lin . . . .   128 grammes.
Sel de nitre . . . .   45 gr.
Gomme arabique pulvérisée. . . .   40 gr.
Huile d'olive. . . . .   36 gr.
Laudanum. . . . .   2 gros.

Employés de la même manière que les précédents.

Si les causes des coliques dont les animaux peuvent être atteints étaient dues à une rétention d'urine, l'on se hâterait de prendre un morceau de pourreau saupoudré de poivre et introduit dans le canal de l'urètre; pour les juments et autres femelles, il faudra le faire pénétrer jusqu'au méat urinaire.

Le traitement précité restant sans succès, on introduira la main dans le rectum après l'avoir huilée, dans le but de faire une pression à la vessie d'avant en arrière pour faciliter l'évacuation du liquide qu'elle contient. Dans ces mêmes maladies, nous persistons sur l'administration des lavements préparés avec de la mauve et du lait. La promenade s'en suivra.

Il est des plantes dont les produits sont abondants, et qui, propagées dans notre pays, vous aideront à faire cesser les ravages et les nonvaleurs qu'occasionnent les maladies dont nous venons de parler; c'est le reys-grass d'Angleterre ou d'Italie, et la chicorée sauvage qui ont l'avantage, tout en étant très-nutritifs et en donnant de bons produits, de ne pas avoir les inconvénients des trèfles et des luzernes.

La culture du reys-grass réussit très-bien dans les bas-fonds défrichés des marais; celle de la chicorée, dans les terres de coteaux, et tous ceux qui les ont cultivés n'ont eu qu'à s'en louer, surtout comme fourrage vert.

Nous vous engageons aussi à persister dans la voie où vous êtes heureusement entrés, concernant les semis de maïs, autre plante fourragère d'un haut intérêt pour les bêtes à cornes; car, non-seulement elle leur est très-salutaire, mais encore elle les engraisse en augmentant leurs produits.

Il est aussi une racine connue dans ces pays sous le nom de pastonade ou carotte, quelle qu'en soit la variété, que quelques essais ont démontrés être une plante de grande ressource; outre qu'elle fournit des produits abondants, elle a des propriétés médicales et nutritives qui lui donnent une haute importance pour tempérer l'action échauffante des fourrages des prairies artificielles, donnés secs.

La betterave qui porte le nom de disète, ou autres, et la pomme de terre, dont la culture a pris une heureuse extension depuis quelques années, sont des racines et tubercules qui fournissent aux cultivateurs les moyens d'hiverner et engraisser économiquement et facilement leurs animaux. Elles augmentent les produits des vaches laitières, et préparent les organes des animaux à recevoir les aliments verts que l'on donne à satiété au printemps.

Indépendamment de tous ces avantages, la culture de ces divers tubercules et racines débarrasse la terre des plantes parasites, et forme la meilleure préparation des prairies artificielles et des céréales; elles sont améliorantes, et, comme toutes les plantes sarclées, la base des plus riches produits de la meilleure économie au gouvernement du bétail.

N'oubliez pas, Messieurs, que c'est en hivernant mal vos animaux, et en n'observant pas les gradations nécessaires pour les faire passer de la disette à l'abondance et de l'abondance à la disette, que vous faites éclater ces fréquentes maladies inflammatoires qui figurent sous divers noms au tableau qui précède notre travail. Nourrissez donc convenablement l'hiver, et pour cela, ayez votre provision de racines, vous n'aurez pas à déplorer, à une autre époque, des pertes sensibles, qu'une économie mieux entendue aurait facilement évitées.

Parmi les affections que nous avons eu à traiter, il s'en est trouvé un certain nombre dont la nature et le traitement sont encore malheureusement méconnus et pour lesquelles nous avons presque complètement échoué; dans leur nombre se trouvent dix-sept cas de morve dont un seul est guéri; deux cas d'opération césarienne dont une seule a réussi.

Un soin très-essentiel à la santé des bestiaux, c'est le pansement de la main, qui consiste dans l'action trois fois par jour, d'étriller, brosser, bouchonner, peigner, éponger (et baigner, aux époques des chaleurs et dans une eau courante autant que possible, les animaux monadactiles et didactiles). On fait assez journellement ces pansements sur le cheval et le mulet, très rarement sur les bœufs et vaches; jamais sur l'âne. Malgré les nombreuses occupations de la campagne, il est toujours possible de disposer d'un temps suffisant pour se livrer à cette importante opération, malheureusement trop négligée par nos cultivateurs, et d'y ajouter même l'emploi du couteau de chaleur destiné à racler la peau et faire tomber la sueur; instrument fortement usité en Angleterre sur les animaux précités, par suite d'une judicieuse observation, qu'en nettoyant la peau des substances impures qui s'y attachent et irritent sourdement l'organe cutané en le rendant rude, on garantit les animaux des dartres, de la gâle, des eaux aux jambes, du farcin et des maladies inflammatoires ; on facilite la digestion ; ils deviennent plus gais, plus dispos et plus propres aux divers services; tandis qu'étant couverts de crasse, ils sont tristes, et en quelque sorte honteux de leur état: aussi *Gronier* disait-il avec raison, qu'un bon pansement équivaut à un picotin d'avoine.

Il est à regretter, Messieurs, que les habitants de nos campagnes soient imbus du préjugé absurde de laisser une couche épaisse de fumier adhérer au ventre et aux cuisses de leurs ruminants, sous le dérisoire prétexte que cet état fait produire une plus grande abondance de lait aux vaches.

Le célèbre Fellemberg, dans son traité sur les étables, nous en a démontré toute l'erreur, puisqu'il prescrit l'étrillage et le cardage de la bovine trois fois par jour; et Vanhelmont aussi dans son traité, prouve de même que les vaches, comme les ânesses, étrillées, donnent une plus grande abondance de lait et de meilleure qualité; et l'un et l'autre de ces deux auteurs ont démontré que le pansement de la main est, non-seulement utile à la santé de ces mêmes animaux, mais encore influe avantageusement sur leurs produits.

Nous élèverons aussi la voix, Messieurs, contre les mauvais traitements que subissent nos animaux domestiques de toutes espèces, presque toujours mal à propos, sans ménagements ni regret, comme sans motifs légitimes; nous avons des exemples trop fréquents des funestes effets du sauvage défaut des valets de ferme, de roulage, de poste et de voitures bourgeoises qui battent leurs malheureux chevaux par mauvaise humeur, par habitude, par désœuvrement, sans se faire même la moindre idée de la douleur physique produite par leur brutalité. L'animal qui en est victime n'exprime pas la sensation douloureuse qu'il ressent, mais il en éprouve un trouble, une agitation dont les suites sont très-graves, surtout quand elles se reproduisent; il digère mal, on le voit maigrir, ses forces diminuent, sa souplesse et son agilité s'évanouissent. Si à ces causes se joignent l'excès du travail et l'insuffisance de nourriture, l'animal, jeune encore, est usé d'avance et décrépit: il appartient bientôt à l'équarrisseur.

Les animaux sont d'autant plus beaux, d'autant plus productifs qu'ils sont traités avec plus de douceur, travaillant sans contrainte, et en quelque sorte de bonne volonté. Ils font plus d'ouvrage, avec moins de fatigue; mais pour mettre un terme à toutes ces brutalités, il serait à désirer que le Bill anglais, et les peines qu'il prononce, fût usité en France contre ceux qui maltraitent les animaux.

Pourquoi, sous ce rapport, n'imiterions-nous pas le bédoin, qui jamais ne maltraite le cheval arabe qu'il considère comme un membre de sa famille? Aussi ses enfants encore à la mamelle, se jouent-ils sans crainte comme sans accidents, sous les jambes du fier et reconnaissant animal, qui, à la voix de son maître, s'élancera, dévorera l'espace, et dans moins d'un jour, sans prendre de nourriture, laissera au moins quarante-cinq lieues derrière lui.

Sans doute, il faut exiger de nos précieux animaux de travail tout le service auquel ils sont aptes; mais leur travail doit être régulier, et ne jamais excéder leurs forces, ne pas être prolongé outre mesure, ne pas nuire aux heures des repas et au besoin du repos. Le repos, comme la bonne nourriture sont d'autant plus nécessaires que le travail aura été plus pénible.

Je bornerai là mes observations sur les principales règles d'hygiène et de l'économie du bétail; en les mettant en pratique, leurs possesseurs en obtiendront tous les avantages qu'il peut offrir, en préviendront les maladies, et éviteront tous les inconvénients de la négligence et des abus.

Nous osons espérer, Messieurs, que la funeste expérience que plusieurs d'entre vous ont faite, en confiant leurs animaux malades à des empiriques dépourvus de toute instruction, et qui n'offrent aucune garantie à la société, les engagera dorénavant à avoir recours aux hommes de l'art, pourvus de titres de capacité ; enfin, que peu à peu l'ignorance et la cupidité ne feront plus de dupes parmi nos cultivateurs.

Nous terminerons notre court travail, par l'assurance que nous pouvons donner, Messieurs, que notre sollicitude se portera toujours sur les intérêts généraux de notre contrée, tout en prenant celui de chacun de nos clients, et nous serons heureux, si nous obtenons, en récompense de nos pénibles travaux, quelques droits à votre estime et à votre reconnaissance.

Nota. Pour satisfaire à la demande de plusieurs de nos abonnés, et dans leur intérêt personnel, nous faisons suivre à notre travail le cadre des vices rédhibitoires des animaux domestiques, d'après la loi du 20 mai 1838.

Article premier. — Sont réputés vices rédhibitoires et donneront seul ouverture à l'action résultant de l'article 1641 du Code civil, dans les ventes ou échanges des animaux domestiques ci-dessous dénommés, sans distinction des localités où les ventes et échanges auront lieu, les maladies ou défauts ci-après, savoir :

Pour le Cheval, l'Ane et le Mulet.

La fluxion périodique des yeux.
L'épilepsie ou mal caduc.
La morve.
Le farcin.
Les anciennes maladies de poitrine ou vieilles courbatures.
L'immobilité.
La pousse.
Le cornage chronique.
Le tic sans usure des dents.
Les hernies inguinales intermitentes.
La boiterie pour cause de vieux mal.

Pour l'espèce Bovine.

La phthisie pulmonaire ou pommelière.
L'épilepsie ou mal caduc,
Les suites de la non délivrance,
Le renversement du vagin ou de
l'utérus,

> après le part chez le vendeur.

Pour l'espèce Ovine.

La clavelée. — Cette maladie, reconnue chez un seul animal, entraînera la rédhibition de tout le troupeau. La rédhibition n'aura lieu que si le troupeau porte la marque du vendeur.

Le sang de rate. — Cette maladie n'entraînera la rédhibition du troupeau, qu'autant que dans le délai de la garantie, la perte constatée s'élèvera au quinzième au moins des animaux achetés; dans ce dernier cas, la rédhibition n'aura lieu également que si le troupeau porte la marque du vendeur.

Art. 2. — L'action en réduction du prix autorisé par l'art. 1644 du Code civil, ne pourra être exercée dans les ventes et échanges d'animaux énoncés dans l'article premier ci-dessus.

Art. 3. — Le délai pour intenter l'action rédhibitoire sera, non compris le jour fixé pour la livraison, de trente jours pour le cas de fluxion périodique des yeux et d'épilepsie ou mal caduc; de neuf jours pour tous les autres cas.

Art. 4. — Si la livraison de l'animal a été effectuée ou s'il a été conduit, dans le délai ci-dessus, hors du lieu du domicile du vendeur, les délais seront augmentés d'un jour par cinq myriamètres de distance du domicile du vendeur au lieu où l'animal se trouve.

Art. 5. — Dans tous les cas, l'acheteur, à peine d'être non recevable, sera tenu de provoquer, dans les délais de l'article 3, la nomination d'experts chargés de dresser procès-verbal, et la requête sera présentée au juge de paix du lieu où se trouvera l'animal.

Ce juge nommera immédiatement, suivant l'exigence des cas, un ou trois experts qui devront opérer dans le plus bref délai.

Art. 6. — La demande sera dispensée du préliminaire de conciliation, et l'affaire instruite et jugée comme matière sommaire.

Art. 7. — Si, pendant la durée des délais fixés par l'article 3, l'animal vient à périr, le vendeur ne sera pas tenu de la garantie, à moins que l'acheteur ne prouve que la perte de l'animal provient de l'une des maladies spécifiées dans l'article premier.

Art. 8. — Le vendeur sera dispensé de la garantie, résultant de la morve et du farcin, pour le cheval, l'âne et le mulet, et de la clavelée pour l'epèce ovine s'il prouve que l'animal, depuis la livraison, a été mis en contact avec des animaux atteints de ces maladies.

Comme fait rare de pratique vétérinaire, on peut lire sur le journal de Lyon, des connaissances médico-chirurgicales, n. 14, août 1842, page 150, le passage suivant :

« M. Guttin, médecin-vétérinaire à Bourgoin (Isère),
« a communiqué un exemple remarquable d'une tumeur
« mélanoïde, du poids de 7 kilos, qui s'était formée dans
« le tissu cellulaire, sous-jacent au fourreau et au scrotum,
« d'un poulain âgé de 22 mois, appartenant à M. Duplécis
« père, de Roche (Isère), ayant la robe bai clair. Cette
« masse fut extirpée complètement avec succès ; la peau,
« ménagée par l'opérateur, dans le but de fournir un nou-
« veau fourreau, fut rapprochée à l'aide de la suture en-
« chevillée et fixée sur un cornet de carton enduit de
« gomme, destiné à contenir et protéger la verge. »

FIN.